ESSAI PHILOSOPHIQUE.

Par M. DE ROZOI.

ESSAI PHILOSOPHIQUE SUR L'ETABLISSEMENT DES ÉCOLES GRATUITES DE DESSEIN, POUR LES ARTS MECHANIQUES;

Par M. DE ROZOI.

A PARIS.
De l'Imprimerie DE QUILLAU rue du Fouarre.

M. DCC. LXIX.

A

MONSEIGNEUR

LE COMTE

DE

SAINT-FLORENTIN,

MINISTRE

ET SECRETAIRE D'ETAT.

MONSEIGNEUR,

Tout Etablissement qui peut intéresser le bonheur des

Citoyens, acquiert nécessairement des droits sur votre bienveillance ; & tout Ecrit destiné à démontrer ses avantages, devient autant un gage de la reconnoissance, qu'un hommage de la vérité, quand Vous permettez qu'il Vous soit dédié. Il est consolant pour l'humanité, de savoir que les Ministres dont la postérité chérira le plus la mémoire, sont ceux dont l'ame aura été plus bienfaisante; cette vérité, MONSEIGNEUR, Vous la prouvez en montrant que Vous y croyez. Les Arts & les Lettres vous ont des obligations journalieres; & le Littérateur, dont les éloges fourniront des anecdotes à la véracité de l'Histoire, Vous a, MONSEIGNEUR, celle de ne pouvoir jamais être soupçonné de flatterie.

Je suis avec le plus profond respect,

MONSEIGNEUR,

Votre très-humble & très-obéissant serviteur
DE ROZOI.

ESSAI PHILOSOPHIQUE

Sur l'Établissement des Écoles gratuites de Dessein, pour les Arts Méchaniques.

C'EST envain que des Critiques atrabilaires de ce siecle éclairé s'efforcent de le rabaisser, par une comparaison odieuse avec le siecle qui l'a précédé; c'est envain que le titre de Philoſophique, donné au tems où nous vivons, a été le ſujet de mille ſarcaſmes, qui qui détournoient dans un ſens ridicule, un attribut digne de la vénération publique : le bonheur de l'humanité s'avance par dégrés à ſa perfection; c'eſt un enfantement laborieux, dont la Philoſophie, avec le tems, fera ſa gloire & ſon triomphe.

L'homme patriote, né avec le goût du vrai beau, & l'amour de l'utile; le ſage, dont le premier plaiſir eſt de calculer tous les moyens d'où peut réſulter la ſomme du bonheur public, ne comprend pas comment il eſt des hommes aſſez aveugles, ou aſſez inſenſibles pour ſe refuſer à l'évidence des preuves que le patriotiſme détaille, ou pour réſiſterà ſes efforts redoublés en faveur de la félicité commune.

Un Roi, l'amour de ſes Peuples & de l'Europe, des Miniſtres éclairés & chéris, un Magiſtrat célebre par une adminiſtration qui fera époque dans l'hiſtoire de la légiſlation & de l'économie intérieure de la capitale, un Artiſte fameux connu par ſon génie, admiré pour ſes ouvrages, des Administrateurs reſpectables par leur mérite perſonnel & par leur zele pour le progrès des Arts, ont concouru à l'établiſſement d'une Ecole gratuite de Deſſein pour les Arts Méchaniques; & il ſe trouve des hommes dont l'ingratitude révoque en doute l'utilité d'une inſtitution faite pour immortaliſer ſes Auteurs! Spectateurs indifférens ſur les exemples qui leur ſont offerts, ils ne ſentent point leurs entrailles s'émouvoir aux cris de la patrie, qui réclame des ſecours que ſouvent ils prodiguent pour des objets qui les déshonorent.

On a jusqu'ici, dans différens écrits, traité les différentes observations que cet Etablissement offre à détailler ; il manquoit peut-être à ces écrits de rassembler à la fois, sous un même point de vue, tout ce qui peut convaincre de la noblesse & de l'utilité d'un Etablissement si digne de ce siècle. Je me fais une gloire de réunir ces preuves ; l'amour-propre de l'Auteur n'est pour rien dans ce travail.

Si quelque plume plus éloquente eût décrit les avantages que mon récit va offrir, on eût pensé que l'art de l'Orateur embellissoit le sujet qu'il traitoit, que les charmes du style changeoient en preuves les paradoxes; on se seroit défié d'une illusion qui, malheureusement peut-être, seroit devenue pour trop de personnes, un motif d'incrédulité.

J'ai donc servi la cause que je traite, en me chargeant de la détailler : si cet écrit peut plaire, le sujet aura tout fait, je lui devrai de la reconnoissance; je recueille les faits, je les écris; il me suffit de narrer fidellement : dès-lors j'intéresse.

Depuis quelques années, la révocation de l'Edit de Nantes a été pour tous les Philosophes, un sujet de réflexions profondes, qui embrassoient à la fois les deux objets sur lesquels il importe le plus aux hommes d'avoir des notions sûres & fideles, la liberté de conscience & la richesse de l'Etat. Sur le second de ces deux objets, on avoit déploré cette émigration effrayante d'un nombre infini d'Artistes & d'Artisans qui avoient porté chez l'étranger les secrets de nos Manufactures & de nos Arts; on ne calculoit qu'avec effroi les pertes que l'Etat avoit faites ; effroi d'autant mieux fondé en apparence, qu'elles paroissoient irréparables. On n'avoit point réflechi que les principaux Artisans ou Artistes, privés du droit de regnicoles, devoient payer un tribut à la nature ; & que les Ouvriers qui travailloient sous leurs ordres, en perdant leurs conseils, langui-roient bien-tôt, & ne donneroient à leurs ouvrages ni cette élégance, ni cette délicatesse si

précieuses

précieuſes dans tout ce qui n'eſt que de pur agrément.

Pour remédier à la plaie faite au commerce, il falloit donc trouver un moyen qui, en donnant aux Ouvriers conduits par les Artiſtes une partie du goût de leurs Maîtres, donnât auſſi à tous les ouvrages ſortis des mains de nos François le caractere du génie de la Nation. Par-là les Ouvriers étrangers perdoient, auprès de leurs propres concitoyens, la conſidération qu'ils s'étoient acquiſe; le travail devenoit dès-lors une main-d'œuvre pour les autres,

& pour nous une industrie. Ce secret nouveau devoit faire plus que lorsque nos voisins étoient obligés d'emprunter tout de nos Manufactures : puisqu'il devoit les réduire, même après les larcins nombreux qu'ils nous avoient faits, à être pauvres au sein même de leurs richesses, & à échanger contre la valeur arbitraire de notre goût, la valeur réelle de leurs trésors.

Ce secret si frappant, a acquis toute sa perfection dans l'Etablissement d'une Ecole gratuite de Dessein ; mais comme trop de sophistes ont déclamé avec chaleur, autant qu'avec morosité, contre ce qu'on nomme luxe : commençons par prouver les avantages qui naissent de cet Etablissement, pour les besoins indispensables de la société ; & par dégrés, nous étendrons nos preuves jusqu'aux Ouvrages de magnificence & d'embellissement.

Il est effrayant pour le Philosophe, de considérer comment, dans tous les premiers âges de chaque empire, les Législateurs ont imaginé leurs plans d'économie civile & de justice distributive. Les uns ont établi des loix, comme s'ils n'a- voient à commander qu'à des soldats; comme si leur seule occupation, & celle de leur successeurs, devoit être d'égorger leurs voisins & de ravager des provinces, en appellant les soumettre, ce qui n'étoit que les détruire. Les autres ont prononcé comme s'ils avoient cru qu'un vingtieme du genre humain fût d'une essence supérieure à tout le reste; en conséquence, tout ce qui n'étoit pas compris dans ce vingtieme a été écrasé par leurs constitutions. De-là cette ignorance si long-tems ſubſiſtante dans tant de pays : de là cet aviliſſement de l'humanité, cette ſauvage rudeſſe de tant de peuples auſſi farouches que les tigres, dont ils avoient la barbarie ſans en avoir l'indépendance. Dans l'Europe même & dans le dix-huitieme ſiecle, on trouve encore des monumens affreux & preſque tout entiers de cette légiſlation farouche, qui réduiſoit à la qualité d'eſclaves, des hommes qui, ſans ces fers horribles, euſſent été des génies ou des ſages.

Dans les pays même les plus

policés, cette contagion d'un préjugé flétrissant, avoit donné des entraves secrettes à cette partie de l'humanité si nombreuse & si souvent sacrifiée; de-là cette sorte d'indifférence offensante pour tout ce qui vivoit du travail de ses mains. L'homme public sembloit le regarder comme ces animaux utiles aux besoins de la vie, qu'on n'admet dans le genre humain que pour le servir, & à qui l'on ne se donne la peine de mettre un frein que pour les travaux qu'on en espere.

Ce mépris tacite enfin, n'aura

plus lieu en France : graces vous en soient rendues, hommes éclairés, qui avez compris qu'en avilissant vos semblables, vous vous déshonoriez vous-mêmes, & qu'il n'étoit d'Etre méprisable dans l'ordre moral, que celui qui n'apporte point en commun la tâche de travail qu'il doit à la patrie. Ils ne subsisteront plus les abus horribles que ce dédain injuste entraînoit avec lui ; ces abus étoient de deux especes : détaillons cet objet ; il est digne de toute l'attention publique.

Le premier genre d'abus regardoit l'utilité morale : une classe d'hommes qui ne peut réfléchir sur elle-même sans voir qu'elle est sacrifiée à l'orgueil de ceux qui payent ses services, tombe nécessairement dans un découragement qui la rabaisse encore; elle rétrecit une sphere déjà trop étroite par elle-même; elle joint à la bassesse de son état, celle de la corruption. Plus elle se convainc que l'exercice des vertus morales est inutile pour elle, en ce qu'il ne la conduira point à une considération décidée dans le Royaume où elle vegète, & plus sa raiſon opprimée dégénere en un instinct aveugle, qui croit ſe venger d'être mépriſé, en finiſſant bien-tôt par mériter de l'être.

Changeons la ſcene, & ſubſtituons à cette claſſe dédaignée, une famille immenſe, appellée par l'honneur à l'eſtime publique ; quel ſpectacle ! quel contraſte intéreſſant ! La patrie préſide à l'éducation de cette partie de ſes enfans : ces Ecoles établies pour les inſtruire, ne peuvent recommander le goût des Arts, ſans impoſer les devoirs d'une honnêteté aimable, d'une décence cultivée, d'une assiduité heureuse à ses études, du sentiment intime de cet orgueil permis, qui nous fait attacher un prix à l'opinion que les autres ont de nous.

Les semences de ces vertus civiles, que les leçons publiques entent dans les ames, se fécondent avec le tems; l'ouvrier n'est plus un mercenaire que le désir de la débauche ou l'aiguillon de la faim attache à son attelier, pour en être arraché par la crapule ou par le vice; c'est un citoyen qui rend à l'Etat, lorsqu'il est homme fait, ce qu'il en a reçu étant enfant ; son ame jouit en acquittant la dette sacrée qu'il a contractée : & si lui-même, par l'ordre des tems, n'a pû être admis dans ces Ecoles, parce qu'il avoit déjà embrassé un état, il ne peut travailler sans penser que dans le même tems, son fils, objet de l'attention publique, jouit des bienfaits de l'Etat, & travaille à mériter la palme qu'on accorde au mérite. Son fils ne lui en devient que plus cher : la paternité est honorée à ses yeux ; il ne voudroit pas être moins vertueux que ce fils, que l'éducation publique forme aux bonnes mœurs ; il en devient donc meilleur pere, meilleur ouvrier, meilleur citoyen.

Ainsi tout Eleve agrégé dans les Ecoles publiques, acquérera nécessairement, pendant l'espace des six années d'étude, accordées à chaque sujet, un esprit d'ordre & de bonnes mœurs, qui influera sur le reste de sa vie : avantage bien cher aux yeux de tout homme éclairé, qui sait combien la bonne constitution d'un Etat, & les mœurs de ses citoyens, sont unies étroitement !

Le ſecond abus, corrigé par les leçons publiques, n'eſt pas d'une importance moins frappante, quoique d'un genre différent. Tout le monde ſait que ſi, juſqu'ici, l'éducation de cette claſſe de citoyens fût abandonnée aux loix d'une routine dangéreuſe, qui enſeignoit toujours des travaux, ſans donner des raiſons du *comment*; cette négligence a laiſſé ces hommes dans une froide monotonie d'inſtinct, qui laiſſoit tout à faire à leurs yeux & à leurs mains, ſans que l'intelligence prît part à leurs travaux; l'ignorance & l'absurdité se disputoient la honte de rendre ridicules leurs ouvrages : mille formes imaginaires, mille ornemens déplacés autant qu'ineptes ; point de grâce, souvent peu de solidité ; nulle connoissance des regles ; nulle étude du vrai beau ; point de correction, ou du moins une élégance défectueuse. Point de vraisemblance dans leurs saillies ; peu de justesse dans leurs proportions ; jamais de fini dans les détails, de sagesse dans l'ensemble ; ou de la roideur sans agrément, ou de la hardiesse sans harmonie.

Maintenant cette pépiniere d'Eleves, guidée par des hommes de goût, ne pourra ſculpter le bois ou le tourner, couper la pierre & plier le fer, ſans donner à tous les contours, à tous les profils une ſoupleſſe heureuſe & des formes prononcées délicatement. Des principes irrévocables les inſtruiront à placer les maſſes les plus conſidérables ſur un à plomb bien sûr; par là bien-tôt la sûreté s'unira à l'élégance des embelliſſemens. Autre avantage: la certitude de leurs lumieres hâtera la facilité de leur travail; leur exécution ſera plus prompte, en raiſon du plus de goût qu'ils y apporteront. Ils n'en chériront que davantage un état qu'ils embraſſoient autrefois par néceſſité & qu'ils exerceront maintenant par amour pour les fineſſes qu'ils y découvriront : cette voix ſecrette qui, dans toutes les conditions, nous dit toujours ſans nous tromper & trop ſouvent malgré nous, ce que nous valons en effet ; cette voix ne leur parlera que pour les enhardir à ne point rougir d'eux-mêmes ; cette eſtime ſi délicieuſe

cieuse qui leur permettra de se compter au rang de tous les Citoyens distingués par l'Etat, les conduira à choisir des modeles heureux à imiter, à ne pas défigurer ceux qu'ils auront choisis, à ne plus travailler enfin comme des mercenaires agrestes, qui louent leurs bras au plus offrant. Une émulation générale les engagera à se montrer dignes & des Maîtres sous lesquels ils auront étudié, & des Leçons gratuites qu'ils auront reçues.

Suivons cette émulation intéressante dans ses progrès:

dès-lors les *Soufflot*, les *Contant* ne se plaignent plus que celui qui taille la pierre, ne mesure ses proportions que machinalement; sa coupe répond au caractere du dessein; & par un prodige nouveau, on voit l'Artisan, par son esprit, aider au génie de l'Artiste; si l'un mérita d'être créateur, l'autre mérite d'être créé par lui, ou de travailler d'après sa création. Dans les Manufactures, des doigts aveugles ne conduisent plus les fils dont le tissu demande du raisonnement pour le mêlange qu'on en fait, quant à leur qualité & quant à la nuance qu'ils produisent ; ils ne façonnent plus sans intelligence l'argile qu'ils pétrissent & qu'ils sculptent ou qu'ils peignent ; les Directeurs de tous les Etablissemens utiles ou agréables, n'ont plus la douleur de voir leurs modeles & leurs desseins manqués ou rendus foiblement ; ils parlent, & jouissent du plaisir de trouver des ames qui leur répondent, & des hommes qui exécutent.

Ce tableau fidele me ramene de lui-même à ce secret, que j'ai dit au commencement de cette Dissertation, nous avoir vengé des larcins que nos voisins nous avoient faits; nous unissons dès-lors à la solidité des ouvrages que nos besoins journaliers rendent indispensables, les graces de ces ouvrages d'échange, dont le commerce est d'autant plus lucratif pour la Nation, qui peut s'y assurer une supériorité reconnue, que le mérite de l'art & du goût, étant d'une valeur que rien ne peut fixer, ce commerce devient d'une étendue dont on ne peut prescrire les bornes & le produit. Il a même [a] sur l'Agriculture cet avantage que la nature en don-

---

[a] Je ne crois pas que l'on me soupçonne de vouloir rabaisser le mérite de la culture des terres : je prétends seulement que le commerce des arts & de l'industrie sert à lui donner plus de vigueur. Les pays où les productions du sol sont mieux mises en valeur, sont ceux où les produits des Manufactures forment une plus grande circulation d'especes numériques. D'ailleurs le système de l'Agronomie en acquérant tous les jours plus de force chez chaque peuple, la branche de commerce qu'elle favorise, par la raison inverse de tous les autres objets commerçables, devient moins étendue, en raison de plus grand nombre de rameaux qu'elle acquiert. D'ailleurs sa valeur intrinseque ne pouvant être pour le bien du pauvre, que d'un prix à peu près toujours égal, on peut & on doit, dans l'administration pu-

nant au sol de chaque pays, la faculté de produire tous les comestibles nécessaires à ses colons, n'a pas également donné à tous les peuples, la dose de génie nécessaire pour être créateurs dans les Arts: il ne faut que des bras pour labourer, l'exemple & la tradition suffisent; le goût, au contraire, demande de l'étude; la méchanique veut des principes.

---

blique, regarder le commerce des arts & celui du produit des terres, comme deux bases de l'Etat, dont l'un assure son honheur au-dedans, & l'autre sa considération chez l'Etranger.

Ainsi tout peuple peut être cultivateur, mais tout peuple ne peut pas être artiste ; le bled peut être le commerce de tous les pays, à quelques exceptions près, mais le produit des Arts n'est ordinairement que le commerce des Nations privilégiées par la nature, surtout lorsqu'elles tournent leur industrie aux ouvrages qui sont plus d'embellissement & de magnificence, que de caprice & de mode.

Or, en suivant les Ecoles publiques, où le vrai goût seul donnera ses leçons, c'est encore un moyen assuré de restituer aux travaux intéressans, les veilles de tout bon Ouvrier; les objets utiles, ou faits pour prouver du génie & de la grandeur, succéderont à ces colifichets brillans, surchargés d'ornemens puérils: foible commerce qui justifieroit ce qu'on a dit contre le luxe, si lui seul occupoit les citoyens. Mais cette corruption ne laisse plus à craindre ses effets, puisque désormais les Maîtres publics auront accoutumé leurs Eleves à chérir, dès leur enfance, tout ce qui fera leur gloire & celle des Directeurs ingénieux qui les auront formés d'après leurs propres principes. Voilà donc des citoyens qui, dans un ſeul Etabliſſement, trouvent réunis trois avantages dignes de la légiſlation des *Lycurgue* & des *Platon*; ils puiſent dans le ſein même des Ecoles, le goût des bonnes mœurs; ils s'inſtruiſent à aimer l'Etat, qui ne faiſoit rien autrefois pour eux; pour qui, à leur tour, ils ne travailloient qu'en gémiſſant, & dont aujourd'hui les bienfaits rendent chaque effort de leur activité, un acte de reconnoiſſance ; enfin ils ſont plus des Méchaniciens que des Artiſans ; les talens dont la nature les a doués, ne reſtent plus enfouis faute de moyens pour les mettre en uſage.

Ces derniers mots annoncent ſous quel nouvel aſpect on doit voir encore l'Etabliſſement ſur lequel j'écris. On ſait que la Nature, en mere ſage, fait ordinairement une répartition équitable de ſes biens, elle compenſe les privations qu'elle impoſe, par des dédommagemens particuliers qu'elle aſſure ; auſſi quelquefois, dans le ſein de l'indigence, voit-on éclore de ces génies heureux, faits pour étonner leurs contemporains & pour déſeſpérer leurs ſucceſſeurs ; mais ſouvent auſſi cette indigence a condamné à un aviliſſement obſcur, des hommes qui, ſans elle, euſſent pû jouer un rôle ſur le théâtre du monde, ou faire époque dans l'hiſtoire des Arts. Ne gémiſſez plus, peres de familles, ſur le ſort de ces enfans, autrefois infortunés, que l'oubli de la patrie ſembloit condamner, même avant leur naiſſance, à ramper dans la pouſſiere de la pauvreté ; rendez ſes droits à l'amour ainſi qu'à la nature : ne craignez plus de multiplier les victimes de l'indigence. Au ſortir des bras d'une mere tendre, de nouveaux peres adoptifs attendent ces chers nourriçons ; les Ecoles ſont ouvertes.

Que le prix des crayons, des modeles & des leçons, n'effrayent plus votre médiocrité ; ces hommes qui pourroient employer leurs momens à travailler pour leur réputation, les conſacrent au bonheur futur de vos enfans : voyez-les instruire leurs mains délicates à tracer hardiment des linéamens heureux ; ils s'échauffent, ces jeunes Eleves, au feu des leçons de leurs Maîtres ; des concours fixés & fréquens embrâsent leurs jeunes cœurs & piquent leur ambition ; dans quelques jours, demain, dès aujourd'hui, peut-être, vous les verrez revenir honorés des caresses de leurs Bienfaiteurs, riches des gages de leur estime, fiers enfin des récompenses accordées à leur assiduité ainsi qu'à leurs progrès ; ces larmes que vous donniez autrefois à l'indigence que vous craigniez pour eux, vous les donnerez à la joie paternelle, à ce mouvement confus d'une allegresse attendrissante, qui se partagera entre les Protecteurs de vos enfans & ces objets de leur bienveillance.

Ainsi ce qu'on avoit désiré si long-tems pour l'avancement du mérite indigent, se trouve exécuté par cette auguste institution. Jusqu'ici la seule partie des Belles-Lettres, ayant obtenu du Ministere des Etablissemens où l'éducation fût gratuite, plus d'un pere de famille avoit, sans consulter les forces de son fils, préféré cette sorte d'étude à celle des Arts Méchaniques ; delà cette foule d'hommes ignorans qui, depuis les premiers siecles de la Monarchie, jusqu'à nos jours, ont inondé les Etats les plus respectables.

Dans un projet d'éducation [b] publique, quant à la partie littéraire, dont j'ai don-

---

[b] Ce projet se trouve page 177, T. 2. de mes *Œuvres Mêlées.* Je puis répéter ici ce que j'ai dit dans la même dissertation p. 213. *Je ne sais pourquoi je m'arrête avec plaisir sur l'exposé de cet Etablissement. Qu'on ne pense*

né le plan, & que des hommes connus par leur mérite, ont

---

que la vaine gloire d'être le premier à le proposer, flatte mon amour-propre. Non: c'est que j'aime à me persuader qu'on sentira quelque jour l'utilité de l'Etablissement que je discute. Une Société d'hommes de Lettres, en annonçant cet Ouvrage, dit que son Auteur *a de bonnes vues, & qui méritent d'être approfondies.* Je suis aussi sensible que je dois l'être à cet éloge; mais j'eusse désiré qu'ils ne s'en fussent point tenus à une simple annonce. J'invite tous les vrais patriotes à lire cette dissertation. Je me croirois impardonnable, que la vanité de l'Auteur eût part à cette invitation. C'est le travail du citoyen que je les prie d'examiner. *Trop souvent on donne à critiquer un ouvrage, les soins qu'on devroit donner à en profiter.* Je l'avois dit; mais je ne craindrai point cette critique de la part de tous les esprits sages,

paru

paru applaudir ; j'avois déjà remarqué que c'étoit commettre

---

qui ne commencent point par annoncer despotiquement leur opinion, pour prévenir cette espece d'êtres si nombreuse, qui ne juge que sur la foi d'autrui. Je ne désigne ici personne ; & je n'entrerai point dans des détails plus circonstanciés, qui me conduiroient peut-être à des vérités que trop d'hommes pourroient s'appliquer. Mais, pour ne point donner à cette note une plus longue étendue, je me contente d'affirmer que tous ceux qui n'ont point lu ma dissertation sur l'Education des Colleges, doivent en désirer la lecture, parce que le patriotisme m'y a tenu lieu de talent ; & je le répete encore à tous ceux que cette note & sa noble hardiesse engageront à me lire *Citoyens ne soyez point des ingrats. Quand j'écris ce que l'amour du bien m'inspire, songez moins à mon style qu'à mes vues.*

un crime de leze-utilité publique, que de souffrir que des jeunes gens reconnus pour inhabiles à faire des progrès dans les Lettres, fussent encore admis dans les Colleges, par des Professeurs qui se disent citoyens; & j'avois dit de tout Eleve, qui après une ou deux années, ne donnoit aucunes espérances de profiter des leçons journalieres qu'il recevoit : » ne vaudroit-il pas mieux qu'il » fût un Artiste, que d'être un » ignorant audacieux, qui s'appuiera du vain titre d'avoir » rampé dans la poussiere des

» Colleges, pour prétendre à
» celui de juger la fortune des
» particuliers, ou d'égorger les
» citoyens avec privilege ? L'a-
» mour propre, mal entendu
» des parens, fera toujours que
» les places seront déshonorées
» par ceux qu'elles honorent ».

L'Etablissement nouveau obvie, & à l'impossibilité morale, qui a détruit fort souvent les projets des peres plus raisonnables, & à l'orgueil mal dirigé de ceux qui pensoient que le titre d'Artisan laisseroit leurs fils dans une humiliation inéfaçable ; puisque l'Etat lui-même paroissoit ne pas croire dignes de ses soins paternels & distinctifs, cette classe de citoyens. Un nombre prodigieux d'enfans, n'embrassera plus un état infructueux pour la patrie, à l'exclusion de tant d'autres qui peuvent, de jour en jour, devenir des branches de commerce plus étendues. Cette multitude de gradués ignorans qui déshonore le sanctuaire de *Thémis*, le ministere des *Bourdaloues* & la science des *Boerrhaves*, refluera vers les Arts Méchaniques ; cette révolution sera due autant aux facilités qui lui seront offertes, qu'au moyen nouveau que des Patriotes éclairés ont trouvé, d'intéresser l'orgueil même à adopter des états dont la vanité rougissoit autrefois ; expérience frappante, honorable pour l'humanité, consolante pour ses Maîtres.

Qu'il est doux pour les hommes chargés de l'administration publique, de reconnoître qu'il est un ressort invisible, toujours sûr dans ses opérations, qu'il ne tient qu'à eux de diriger & de mettre sans cesse en mouvement ! Ce ressort est le désir inné avec tous les hommes, de paroître admis à l'estime générale, de partager cette considération flatteuse, qui seule peut remplir l'intervale que le hasard de la naissance met dans les rangs des citoyens. Or ce désir saisira désormais le nouveau moyen qui lui est offert, d'exercer toutes ses forces sans nuire à l'harmonie générale.

Les peres sembloient se venger de l'Etat, qui paroissoit oublier leurs enfans, en le surchargeant d'un nombre de prétendus Lettrés, aussi oisifs que dangéreux. Leurs bras étoient perdus pour l'abondance publique ; tandis que leurs têtes stériles, n'enfantoient que des avortons informes, opprobres de l'esprit humain, & modeles pernicieux pour tous ceux dont, à leur tour, ils n'osoient que trop souvent entreprendre l'éducation.

Tout pere de famille éclairé, préférera même, à moins que la nature n'annonce hautement un génie supérieur, une éducation certaine dans les avantages qu'elle peut offrir, à la perspective d'un état indécis, qui demande tant de tems & de ſoins, avant d'y obtenir une fortune qui n'eſt toujours que médiocre.

Si je voulois étendre ces réflexions, on verroit bien-tôt que ce ſyſtême, ſi recommandé de la population, acquiert, dès-lors une vigueur qui peut aller juſqu'à la doubler. Tout pere ayant un moyen facile de procurer l'établiſſement de ſon fils, ne cherchera plus à s'en délivrer comme d'un fardeau, en le forçant d'apprendre, bien ou mal, une langue inutile à la patrie intrinſequement. Dès-lors moins de cénobites déterminés par la pareſſe, agréés par l'ignorance; moins de faux Littérateurs, que leur triſte médiocrité condamne au crime trop ordinaire d'un célibat funeſte aux mœurs, funeſte aux droits de la patrie; moins de ces Etres équivoques, dont on ne peut définir la condition, & qui ne ſont que des paraſites incommodes, apôtres de la licence, qui méritent ſi ſouvent d'en être les martyrs, & qui n'ont que l'habit d'un miniſtere qu'ils annoncent ſans l'exercer; enfin tout Artiſan, bien convaincu que la vigilance publique a rapproché, autant qu'il eſt poſſible, ſon état de celui des Artiſtes, joindra à la ſatisfaction de l'amour-propre plus d'habileté dans ſa profeſſion; il profitera avec tout l'Etat de la vigueur du commerce, & ſe livrera au plaiſir de donner à la patrie des citoyens, dont la condition ſera déſormais plus lucrative & plus honorable, dont les ſecours ſeconderont ſes propres travaux.

Ainſi tout gagne à la fois dans cet Etabliſſement nouveau; les Lettres ſont délivrées d'un eſſain de frêlons, qui ſe nourrissent du miel des abeilles; tous les états, ou sacrés, ou intéressans pour l'honneur, pour la salubrité, pour l'éducation publique, ne sont plus surchargés d'Etres indignes du caractere qu'ils ont usurpé; les Loix divines & humaines en sont plus respectées; la Nation devenue plus sage, en devient aussi plus heureuse. Récompense importante, qu'il semble que l'Auteur de la Nature ait toujours voulu assurer au bon ordre; tant il est incontestable que la sainteté des Loix & la félicité publique, sont réciproquement le gage l'une de l'autre!

En lisant ces détails importans, ou je me trompe, ou il n'est point d'ame sensible qui ne soit intéressée, en calculant les avantages multipliés que je viens de démontrer ; mais il me reste encore un triomphe à remporter sur ces hommes rebelles à la conviction, qui ne voyent presque toujours dans les Créateurs des nouveaux Etablissemens, que des Charlatans habiles à duper le vulgaire.

J'ai prouvé l'utilité de celui que je célebre par ses effets ; il faut prouver ses effets par lui-même, c'est-à-dire que les succès qui naissent de l'Etablissement, prouvent sa grandeur, & que l'Etablissement par sa forme, prouve le génie de ses Instituteurs.

Sceptiques avares, ames sans bienfaisance, esprits à préjugés, vous avez vu quels progrès, les mœurs, les Arts, le commerce, l'émulation devront chaque jour, de plus en plus, à cette fondation patriotique qui n'a, jusqu'ici, ému ni votre cœur, ni votre amour-propre; vous doutez encore de voir jamais effectuer les promesses que je vous fais au nom de la Patrie & de l'Honneur ; écoutez donc, vous ne pouvez nier que si ces efforts sont réels, ils ne méritent toute l'attention, toute la reconnoissance des citoyens ; mais vous doutez de leur vérité, ou présente, ou future : je vais vous la prouver par les causes mêmes qui en assurent & l'existence & la durée.

Les quatre objets principaux qui méritent d'être observés dans les Ecoles gratuites, sont les mœurs, la perfection des Arts Méchaniques en tout genre, les facilités offertes à tous les peres de famille, enfin l'émulation, vehicule puissant du commerce & de l'abondance. Il falloit donc que la sagesse des Instituteurs, réunît dans ses Réglemens toutes les ressources les plus propres à servir de base à ces quatre colonnes de leur Etablissement.

Entrons dans les détails: il n'en est pas un seul qui ne soit précieux.

Personne n'ignore que dans les premieres années de l'enfance de tout citoyen, destiné à la profession d'Artisan, les enfans ne jouissent chez leurs parens d'une oisiveté dangéreuse, qui dès-lors les accoutume à une inertie léthargique, dont ils ont de la peine ensuite à se corriger. Leur manque d'occupations les entraîne à un petit libertinage, qui paroît de peu de conséquence à cause de leur âge, mais qui vitie leur conduite dans son principe; mille habitudes pernicieuses, l'amour de la dissipation, l'horreur de l'étude, le goût du jeu, & trop souvent de la débauche, se glissent dans leurs cœurs avec toutes les modifications que l'âge, les occaſions & le plus ou moins de fougue dans le ſang, varient à l'infini.

Qu'on ne croye pas ces obſervations puériles : dans tout ce qui intéreſſe les mœurs, rien n'eſt à négliger, tout importe; il eſt facile en écrivant ſur l'enfance de l'homme, de donner dans une Métaphyſique paradoxale & ſyſtématique; il n'arrive ainſi que trop ſouvent aux Moraliſtes les plus éclairés, de ſe montrer des Ecrivains éloquens, au lieu d'être des Mentors utiles.

Loin de moi le déſir coupable de ſacrifier l'utile à l'agréable, & la crainte impardonnable de paroître minutieux. Je ne puis trop le dire, c'eſt dans les jeux mêmes des enfans qu'il faut étudier ce qu'ils ſeront un jour; ils n'ont pas alors la ſcience de ſe déguiſer; c'eſt en rectifiant leurs premiers penchans, qu'on peut les conduire à ne pas rougir un jour de ceux qui les domineront.

Le plus sûr moyen de prévenir, dans les enfans de tous les états, les inclinations vicieuſes, c'eſt de les occuper de maniere à joindre l'utilité à l'agrément : c'eſt de les accoutumer à regarder la perte du tems comme le crime le plus grave, contre la ſociété & contre eux-mêmes ; à compter ſon uſage pour un ſervice journalier qu'ils ſe rendent, pour un tribut qu'ils doivent à la patrie, & dont rien ne doit les exempter. D'ailleurs leurs organes encore trop foibles, les rendent plus propres à retenir les mots que les choſes, & les figures que les définitions ; peu capables alors de diſtinguer dans les Sciences ou dans les Arts, ce qui s'y trouve d'aride & de rebutant, toute nomenclature ſe grave dans leur petit cerveau ſans y apporter de répugnance, parce qu'ils n'ont point alors la connoiſſance de quelque choſe de plus ſéducteur; c'eſt toujours la comparaiſon qui nous rend les objets flatteurs ou déſagréables.

Les Ecoles publiques de deſſein réuniſſent ces biens divers; emploi du tems, amour du [c] devoir, habitude de l'applica-

---

[c] Pour mieux prouver ce que j'avance ici de l'influence que ces Ecoles auront ſur les mœurs, j'ai mis à la ſuite de cet Eſſai, les *Reglemens* divers, dont l'obſervation

tion, tout y est rassemblé; les enfans appellés aux leçons à des heures reglées, s'accoutument dès-lors à un esprit d'ordre qui, par la suite, les rendra des Ouvriers laborieux autant qu'assidus. Jaloux de prouver quels fruits ils retirent de ces leçons, quelles peines ils se donnent dans la maison paternelle, pour mériter les modeles dont la

---

doit produire les effets moraux que je détaille. On y verra quels sont tous *ces devoirs indifférens en apparence, mais précieux en ce qu'ils inculquent l'amour de l'honnêteté*, dont je démontre combien on a senti l'utilité, par les soins qu'on a pris d'en imposer l'obligation aux Eleves.

ſondation les gratifie, ils joignent au déſir de bien travailler ſous les yeux de leurs Profeſſeurs, celui de leur prouver qu'ils n'ont pas beſoin de leurs regards, pour être actifs & occupés. Des jettons où ſont marqués les jours qui les appellent aux Ecoles, & l'heure à laquelle ils en ſortent, les mettent dans l'impoſſibilité de manquer d'exactitude, & d'abuſer du droit que leurs études leur donnent de quitter la maiſon de leurs parens, pour ſe livrer à des diſſipations dangéreuſes. Le ſilence & le reſpect impoſé dans les Ecoles, les inſtruiſent à ne point violer ces égards reſpectifs de la ſociété, qui, en rendant les cœurs des hommes plus capables de ſenſibilité, les rendent auſſi plus ſuſceptibles de toutes les vertus morales. Pluſieurs petits devoirs, indifférens en apparence, mais précieux en ce qu'ils inculquent l'amour de l'honnêté, leur apprennent à craindre d'avoir à rougir d'eux-mêmes devant leurs rivaux de gloire & d'induſtrie. Admis à un concours honoré de la protection du Miniſtere & de la Magiſtrature, ils gémiroient d'en être exclus, & ſachant que la lenteur du talent à ſe développer, n'eſt qu'une raiſon pour intéreſſer plus leurs Maîtres; mais que tout vice reconnu, ſeroit un ſujet inévitable d'une expulſion honteuſe, ils commencent tous par ſe bien perſuader que l'âge ne ſeroit point une excuſe à l'irrégularité de leur conduite, & que le premier titre à mériter les bienfaits de la patrie, c'eſt d'être irréprochable du côté du cœur & des inclinations.

Ainſi voilà des ſemences de

probité, d'honneur & d'urbanité, qui doivent ſe développer avec le tems. La droiture de l'ame ne ſuffit pas toujours pour conſerver parmi les hommes cette fraternité ſi digne de les unir; une rudeſſe ſauvage gâte ſouvent les intentions les plus louables. Diſons encore plus: il fermente dans tous les corps une certaine envie ſourde, qui ſeroit preſque de la haine, ſi on analiſoit bien le ſentiment qui la fait naître. Tous ces jeunes Eleves, formés par les mêmes Maîtres, ne feront plus qu'une ſeule légion d'amis & de rivaux, qui ne connoîtront plus d'autre jalousie, que celle que la gloire permet; une nouvelle chaîne se forme pour l'ordre social; on n'en peut jamais trop employer; les nœuds qui lient les hommes entre eux, sont si faciles à rompre, & tant d'occasions y contribuent!

Après avoir commencé par donner des loix à toutes ces jeunes têtes, il falloit mettre, & dans leurs études, & dans leurs objets d'études, un ordre bien précis, bien didactique, qui n'apprît que ce qu'ils doivent apprendre, qui n'adoptât rien d'inutile, qui n'oubliât rien qui pût être essentiel. La Géométrie & l'Architecture, la Figure & les Animaux, les Fleurs & l'Ornement, subdivisent les études de quinze cens Eleves, qui, deux fois par semaine, viennent, selon la classe où ils sont aggrégés, recevoir les leçons publiques.

La Géométrie devoit nécessairement présider aux autres Sciences; la certitude de ses preuves, l'évidence de ses opérations, la démonstration de ses calculs, l'ordre qu'elle met dans les idées, étoient autant de raiſons de l'employer pour mettre un frein à l'imagination bouillante de cette jeuneſſe, qu'on ne peut trop mettre en garde contre la ſéduction du mauvais goût, contre la force de l'exemple, contre l'attrait du frivole & de l'extraordinaire. La Géométrie eſt comme la matrice des opérations de l'eſprit : elle les mûrit, elle les enfante à terme, & dans l'état où elles ne peuvent plus être ni des avortons, ni des monſtres.

L'Architecture demandoit auſſi des leçons particulieres :

c'eſt l'Art privilégié des grands Etats; les Monumens conſidérables en ce genre, atteſtent la puiſſance des Nations qui les ont élevés. Mais il faut que la belle Nature, que le beau ſimple préſide à ces travaux ſublimes, qui ne pourroient ſubſiſter, ſans éterniſer la honte du ſiecle qui les auroit vû naître, ſi la fureur des ornemens ſuperflus, des hardieſſes coupables, des formes irrégulieres, des bizarreries faſtueuſes remplaçoient cette ſageſſe ſymmétrique qui paroît ſi facile à atteindre, & qui, cependant, coûte tant de peines & demande tant de délicateſſe & de goût.

Les autres objets d'études, quoique moins vaſtes dans leurs détails, n'en ſont pas moins importans à bien approfondir. Pas un ſeul Art Méchanique qui n'ait avec eux des rapports immédiats.

Le choix de ces objets d'études, annonce dans les Obſervateurs éclairés dont il eſt l'ouvrage, une connoiſſance univerſelle de tous les beſoins des Arts, & de tous les ſecours qui peuvent contribuer à leur perfection.

L'émulation & les facilités offertes aux talens naturels, qui ſont les deux autres objets dont il me reſte à prouver les effets, par la ſageſſe des Réglemens que les Inſtituteurs y ont conſacrés, ſe trouvent réunies par les moyens qui les perfectionnent.

Tous les trois mois, dans chaque exercice des trois genres d'études, il y aura un concours pour le prix, dans lequel on n'admettra que les Deſſeins faits dans les Ecoles mêmes; il y aura chaque année encore, un concours pour les grands prix, entre les Eleves de tous les exercices d'un même genre, qui auront remporté les premiers prix de leurs classes. Ces grands prix seront distribués dans une séance publique du Bureau d'Administration; ceux qui les remporteront, auront droit à concourir aux prix des douze Maîtrises & des douze Apprentissages, dont seront gratifiés chaque année, ceux qui, après s'être distingués dans les concours annuels, couronneront leurs travaux par ce dernier triomphe, aussi utile que glorieux,

Le

Le Prix de ces Maîtriſes & de ces Apprentiſſages ſera remis aux Bureaux des Métiers par celui de l'Adminiſtration. Quel Etabliſſement ! Eh, quelle ame aſſez inſenſible pour n'être point attendrie, en calculant ſes avantages ?

Quel plaiſir délicieux, de voir dans chacun de ces enfans, autant d'Athletes qui entrent dans la carriere de la gloire ! Quelle douce joie pour des peres tendres, de pouvoir eſpérer que leurs fils devront à leurs talens, à leur émulation, l'état qu'ils ont embraſſé, & le droit de l'exercer!

Ces Prix publics élevent l'ame, rendent l'honneur un ſentiment intime; ils allument dans les cœurs un foyer ſacré, où brûle & renaît ſans ceſſe ce feu dont l'amour de la gloire embrâſe; & la gloire des Arts a cet avantage ſur tous les autres genres de gloire, qu'elle n'admet que des tranſports légitimes, que des moyens vertueux.

De grands crimes & des entrepriſes fatales à l'humanité ont plus d'une fois illuſtré leurs Auteurs, & leur immortalité a coûté au genre humain bien des larmes, aux Loix bien des infractions. On ne peut dans les Arts, devenir plus grand sans devenir meilleur : la mesure du penchant qu'on ressent pour eux, est celle du goût que l'on éprouve pour l'amour du bien en général, & de l'honnête en particulier.

Sentiment heureux & vivifiant, émanation de la Divinité ; peut-on bénir trop hautement les hommes remplis de toi, qui font leur bonheur de t'inspirer à tout ce qui les approche, de te nourrir où tu jettes des flammes, de te recueillir où tu ne jettes que des étincelles, de te chercher enfin même où l'on ne peut que te ſoupçonner ?

Sentiment ſacré, un nouveau culte vient de naître pour toi : un nouveau Temple vient d'être élevé à ta gloire. Que j'aime à voir ces peres orgueilleux de la gloire de leurs enfans, s'applaudir d'avoir ouvert leurs cœurs à l'amour, & leurs entrailles à la nature ; leur tendreſſe n'eſt plus amertumée ; ces Maîtriſes, que ſouvent toutes leurs veilles réunies, ne pouvoient procurer à des enſans que, malgré leurs talens, l'indigence condamnoit à être toute leur vie des mercenaires, ſeront maintenant le prix du génie & de la ſupériorité dans chaque genre.

Un Auteur Philoſophe s'eſt plaint, dans un petit Ouvrage compoſé pour démontrer les difficultés trop multipliées, que les jeunes Artiſans éprouvoient à parvenir aux Maîtriſes, du tort que cela devoit faire à toutes les profeſſions; c'étoit demander que les uſages reçus en ce genre, fuſſent abolis. Mais je ne ſais par quelle fatalité les Etabliſſemens en tout genre, ſont comme un courant d'eau, qui ſuit ſa pente au haſard. Il faut des digues pour arrêter ſon cours : & dans l'ordre moral ou politique, ces digues ne peuvent être que les remparts de la Philoſophie ; mais peu de mains ſont faites pour en jetter les fondemens, pour en meſurer les dimenſions. Quand on n'y travaille qu'avec lenteur & qu'avec foibleſſe, le torrent ſe joue de ces forces puériles : & l'ouvrage lui coûte moins d'inſtans à renverſer, qu'il n'avoit coûté d'années à commencer à ces foibles Entrepreneurs

Le moyen de réparer le désordre que déplore *Chinki*, lorsqu'il veut choisir une profession à son fils, est immanquable dans l'Etablissement des Ecoles Gratuites; sa réclamation contre l'ordre établi sur cet objet, regarde particuliément les grands talens que la pauvreté réduit à ne pouvoir être ce qu'on appelle Maîtres. Maintenant ces talens décidés, n'ont plus qu'à se livrer à l'émulation glorieuse, qui ne peut aſſurer leur ſuccès ſans aſſurer leur état.

Voilà comme dans tout, il s'agit moins d'innover avec hardieſſe, que de corriger avec intelligence. J'avois déjà fait cette remarque dans le Plan d'Education Littéraire, dont j'ai parlé plus haut; & voilà comme les vérités, qui ſont telles de leur nature, ſe prouvent dans tous les tems, pour tous les objets utiles, & par une démonſtration évidente, qui n'eſt que la loi même des événemens, qui rapporte tout aux principes inconteſtables.

Ainſi déſormais les Bureaux de Maîtriſes, ſans perdre aucuns de leurs droits, qui les aident à concourir aux charges publiques, acquéreront des hommes dont l'admiſſion dans leurs corps, ſera une preuve de leur mérite, une récompenſe de la patrie. Dès-lors ces Corps eux-même ſeront par la ſuite des tems, compoſés preſque tous, de ces Eleves diſtingués par leurs travaux. Le prix de l'or ne ſera plus en droit de ſuppléer à la valeur intrinſeque de l'induſtrie ; le nombre des Maîtres n'augmentera qu'en raiſon des Eleves que les Arts auront eu à couronner; ces Eleves admis dans les Maîtriſes des différentes profeſſions, y porteront l'eſprit d'émulation qui leur aura mérité d'y être reçus.

L'Etat leur a fait un préſent en leur payant leur Brevet; mais il a fait en même-tems un préſent à leur Corps, en lui donnant un Artiſan digne d'être un Maître, puiſqu'il fut un digne Eleve des Artiſtes habiles dont il reçut les premiers élémens.

Ainſi que déſormais tout

Chinki [*d*] dont le dessein est

[*d*] *Chinki* est le personnage qu'on a mis sur la scene dans une petite Brochure, dont le but est de prouver les abus qui se sont introduits dans les Bureaux des Maîtrises, pour les différentes professions. Forcé par le malheur des temps, de ne point donner à son fils l'état de Cultivateur, qui ne suffisoit plus pour le nourrir, il veut lui donner un métier. Mais faute d'argent, tant d'obstacles s'opposent à l'établissement de ce malheureux fils, que, par degrés, l'indigence & le déshonneur mettent le comble aux maux de *Chinki* & de sa famille. Cet Ecrit Philosophique est l'ouvrage d'un homme connu dans la République des Lettres, par plusieurs Ecrits estimables, & entr'autres par une Dissertation Politique, qui jouit de la plus haute réputation, & par une Histoire écrite avec l'élégance de *Quinte-Curce*, & la profondeur de *Tacite*.

de donner à ſon fils une profeſſion Méchanique, ne le promene plus d'ateliers en ateliers, qu'il le conduiſe vers ces Ecoles Gratuites, fondées pour tous les Enfans de l'Etat. Si ce fils eſt digne de la tendreſſe de ſon pere, & d'occuper la profeſſion dont on réclame pour lui un libre exercice; le modele du Deſſein eſt poſé, ſon crayon l'attend, le Profeſſeur l'invite à venir profiter des leçons qu'il donne au nom de la patrie.... Il eſt déjà inſcrit.... On lui enſeigne avec cette douceur qui fait aimer les préceptes, avec cette clarté qui les fait comprendre ; ſes progrès répondent au zele de ſes Maîtres. Un premier concours lui vaut un prix, & annonce le grand prix qu'il méritera trois mois après... Il concourt encore, il le remporte.... O *Chinki* ! vous ne vous trompiez pas, votre fils eſt doué d'un mérite ſupérieur ; il eſt admis à concourir aux prix des Maîtriſes..... Vous êtiez ſi allarmé ſur ſon ſort, vous maudiſſiez les inſtitutions connues, vous ignoriez donc l'Etabliſſement nouveau ?... Je vous vois les larmes aux yeux, ſerrant ſur votre ſein ce fils bien-aimé, dont vous baignez le col de vos pleurs.... *Chinki*, je vous comprends... Votre fils a remporté le prix de Maîtriſe; couvrez-le de vos baiſers, comblez-le de vos carreſſes; mais dans les tranſports de votre joie, n'oubliez pas que s'il mérite ces élans de votre allegreſſe, les Inſtituteurs de l'Etabliſſement, qui vous rend tous deux heureux, méritent à jamais ceux de votre reconnoiſſance.

Il eſt encore une remarque importante à faire ici, pour

ces hommes qui ont l'art odieux de déprimer les objets les plus respectables. Cette remarque est que jusqu'ici, pour les Arts, on avoit bien fait des Etablissemens où des Eleves étudioient gratuitement; mais ces Ecoles supposoient déjà des connoissances acquises. Pour dessiner d'après un modele vivant, il faut avoir déjà fait preuve d'une expérience marquée; ainsi ces leçons publiques étoient absolument inutiles pour ceux qui n'avoient pas même les premiers élémens du Dessein; & ces principes élémentaires sont cependant d'une conſéquence bien importante. S'ils manquoient de cette juſteſſe, qui fixe heureuſement les premieres notions qu'on acquiert dans les Arts, on auroit de la peine dans le reſte de ſa vie à ſe roidir contre ces idées, qui laiſſent preſque toujours dans le cerveau des traces ineffaçables.

L'Etabliſſement que je célebre, rend donc à la jeuneſſe le ſervice le plus eſſentiel, en veillant particuliérement ſur les premiers pas que l'on fait dans la carriere des Arts. Il ptoduit les plus grands biens, &

ne pourroit pas ne les point produire, par les ſoins que ſes Auteurs ont pris de rendre ſon inſtitution précieuſe aux mœurs, aux citoyens en particulier, à l'Etat en général.

Chaque réflexion qu'il fait naître, conduit néceſſairement à l'admirer; mais ce n'eſt point aſſez d'une admiration ſtérile, qui ne coûte qu'un aveu arraché par la conviction, & donné ſouvent à la crainte de haſarder ſa réputation d'homme de goût. Il n'eſt que trop ordinaire de croire ainſi faire aſſez pour la vertu, en s'annonçant avec chaleur pour un Panégyriste anthousiaste des biens, dont elle peut honorer l'humanité. Il seroit honteux pour le siecle & pour la Nation, que ce crime, commis trop souvent contre la vertu, osât exercer ses effets contre un Établissement dont la félicité des trois quarts de la Nation dépend entiérement.

Quand un génie fameux annonça dans l'Europe, son Commentaire des Œuvres de Corneille, l'usage qu'il en devoit faire, réunit le zele de toutes les Nations de cette partie du monde, a multiplier les produits d'une Edition, dont une seule personne devoit profiter. Son nom suffit à intéresser pour elle; c'étoit un hommage rendu à la mémoire d'un grand homme. La France s'honoroit par cette souscription : mais elle n'acquéroit aucun avantage réel; & cependant comme il devint de mode en un instant d'être sur la liste des Souscripteurs, elle fut bien-tôt nombreuse. Ici ce n'est point une souscription pour un objet déjà connu, & dont les accessoires, quoique annoncés par un autre grand homme, pouvoient ne pas répondre à l'attente publique.

J'appelle au tribunal de la patrie, tout citoyen qui peut prendre sur son superflu, ce qu'il accorde peut-être aux caprices de la frivolité; qu'il me suive, je le conduis vers la Galerie du Palais des [*e*] Thuilleries; entrez, homme frivo-

---

[*e*] M. le Comte de *Saint-Florentin*, Ministre & Secrétaire d'Etat, sur l'invitation de M. le Lieutenant-Général de Police, s'étant rendu aux Thuilleries pour y distribuer les prix de l'Ecole Royale Gratuite de Dessein, cette cérémonie commença par un Discours prononcé par le Directeur, dans lequel il fit counoître aux Eleves les graces

le, qui n'avez point d'idée d'un triomphe du patriotisme.

---

que le Roi répand sur eux, les bontés du Ministre sous les auspices duquel cet Etablissement s'est formé, les obligations qu'ils ont au Magistrat qui leur sert de pere, le zele & la générosité de MM. les Administrateurs, & des différens Fondateurs qui ont concouru à la dotation de cette Ecole.

La distribution commença par le Sieur *Huré* qui reçut la Maîtrise d'Orfèvre, ensuite le Sieur *le Francq* celle de Fourbisseur, le Sieur *Desroches* celle de Menuisier, le Sieur *Trébuchet* celle de Graveur sur tous métaux, qu'ils ont méritées par concours, & le Sieur *Larsonneur* un Brevet d'Apprentissage. Les sujets de leurs Chefs-d'Œuvres ont été donnés dans chaque Bureau par les Officiers en exercice, & exécutés sous leurs yeux; ce qu'ils ont certifié à M. le Lieutenant-Général de Police, dans le rapport

Voyez-vous ces quinze cens enfans rangés avec ordre, attendant en silence le moment où ce Directeur généreux, autant leur Maître que leur Bienfaiteur, va conduire sur ce vaste Amphithéâtre, un Ministre &

---

qu'ils lui ont fait des talens des différens Eleves. Tous n'ont été admis au concours, qu'après avoir remporté les grands prix annuels qui furent aussi distribués dans la séance. Ensuite les soixante prix & pareil nombre d'*accessit* y furent délivrés, comme il est d'usage tous les trois mois. Dans les Vers imprimés à la suite de cette Dissertation, mes Lecteurs trouveront un tableau des acclamations & de la joie de toute cette jeunesse, dont les transports & l'impatience formoient un spectacle vraiment attendrissant.

un Magiſtrat chéris, pour y diſtribuer les prix qu'ils ont mérités.

Les Vainqueurs ſont appellés : ils ſont accueillis avec cette bonté touchante, qui ajoute tant de prix aux préſens que l'on fait ; des cris de joie ſe répetent, des acclamations nombreuſes font retentir juſqu'aux cieux les tranſports de leur reconnoiſſance, & les éloges donnés à ces Bienfaiteurs reſpectables, Protecteurs des Ecoles.

Eh bien, homme inſenſible ! ſi au moment où ces quatre Eleves, qui ont mérité le prix des Maîtriſes, ont reçu leurs Brevets des mains du Miniſtre, on vous eût invité à contribuer au prix de leurs Maîtriſes, euſſiez-vous préféré de vous priver du ſpectacle de leur joie, plutôt que de faire violence à votre coupable avarice.

Ah! ce ſpectacle que je viens de décrire, que tout homme aſſez ennemi de la patrie pour réſiſter à mes inſtances, ſe le repréſente au moment où ſon eſprit oſera douter de la vérité des principes que cet Ouvrage renferme. Ce ſiecle, plus que tout autre, a vû des Particuliers former en tous genres des cabinets, tels que la magnificence même des Princes n'en connoissoit point dans le siecle passé. Si l'amour des Arts est devenu un goût universel, ce goût doit se signaler autant en accueillant les Artistes connus, qu'en assurant les moyens qui doivent par la suite en produire encore. Il y a même cette raison, que ce qui, dans ce goût si louable, n'a été qu'une magnificence, sera désormais un devoir. L'Etat a plus besoin encore d'Artisans que d'Artistes : les moyens de subsistance étant les prémiers besoins de la vie, le commerce est le premier appui de l'Etat; & tout ce qui l'étend, doit être le premier objet & de l'attention, & de la générosité publique.

Déjà des Princes du Sang de nos Rois, ont signalé leur générosité. François, que nos voisins n'ayent plus à nous accuser que nous ne sommes enthousistes, que pour les objets de mode & de plaisir. Cet Etablissement est fondé dans des tems heureux : ces hommes chargés de recueillir les deniers du Prince, ces Financiers célebres, si long-tems objets de la haine des peuples & des traits de la satyre, sont les premiers maintenant à donner l'exemple de l'amour des talens & du soin de les récompenser.

Les *Watelet* & les *Laborde* ont joint à l'honneur d'être Protecteurs généreux, la gloire d'être eux-mêmes des Artistes célébres; qu'à la suite de ces noms fameux, on lise ceux de leurs égaux. Les grands talens peuvent n'être pas le partage de tous les hommes; mais les grandes vertus sont, & doivent être le premier appanage de tout bon citoyen.

On nous a vu porter en foule notre argent à ce Vauxhall nouveau, à ces feux d'artifice qui ne contribuoient qu'à notre amusement; & nous hésiterions à signaler notre zele pour un Etablissement fait pour enrichir & pour honorer l'Etat? Non, non, jamais nous ne serons capables d'une semblable inconséquence. Directeur patriote, Administrateurs respectables, félicitez-vous d'une entreprise que la Nation entiere va seconder. Il ne manquoit à cet Etablissement que d'être bien détaillé, pour être admiré autant qu'il le doit être.

Le ſpectacle de cette diſtribution de prix, dont la pompe patriotique a coûté des larmes de joie à plus d'un Spectateur, m'a inſpiré le déſir de conſacrer quelques veilles à célébrer une Inſtitution qui, de jour en jour, deviendra plus chere aux Arts & à la patrie. Les *Voltaire* & les d'*Alembert*, auroient bien mieux rempli ce devoir auguſte; le ſujet étoit digne d'eux, & je ſuis loin de penſer que les détails de cette Diſſertation dédommagent en rien de la perte que mes Lecteurs auront faite. Mais grace à ce ſujet ſublime, les objets de réflexion n'auroient pû être que les mêmes ; c'eſt un triomphe pour lui : il aura mérité la conviction la plus intime, par la force ſeule des obſervations qu'il offroit.

Quel plaiſir pour moi, que celui d'avoir comme volé à tous mes Rivaux dans la carriere que je cours, un ſujet auſſi intéreſſant !

Pourrions-nous ne le pas ſentir ? Dans l'homme de Lettres la gloire du talent n'eſt toujours que le second mérite; il faut que la patrie puisse avouer ses ouvrages & ses mœurs. Il est si doux d'intéresser du côté du cœur; on peut même remarquer qu'avec les talens les plus décidés, les hommes, dont la réputation en morale ne méritoit point les suffrages du public, ne sont jamais parvenus à ce degré de considération, où se sont élevé les *de Thou*, les *Corneille*, les *Buffon*, le respectable Citoyen de Geneve, &c, &c.

Eleves de la patrie, jeunes enfans, dont un Etablissement

admirable va, pour jamais, assurer les succès, les bonnes mœurs, le bien-être & l'état; je vous le consacre cet Ecrit que mon ame réclame comme son ouvrage; puisse-je y avoir répandu quelques étincelles du feu dont brûlent vos Bienfaiteurs; agréez l'hommage que mon cœur ose vous en faire; l'Edition est votre bien: puisse-t-elle se multiplier!

Puisse-je, pour prix de mon travail, entendre dire à quelqu'un d'entre vous; un Bienfaiteur généreux a doté mon adolescence, & payé mon éducation;

tion ; mais il eût ignoré comment me prévenir par ses bienfaits, sans l'Ecrit qu'un jeune Patriote a consacré au devoir de lui en faire connoître les moyens.

Jeune enfant, qui que vous soyez, ne me remerciez point : je suis trop payé par vos succès ; & si quelqu'un a contracté une dette de reconnoissance, c'est moi ; oui, c'est moi seul. Que ne dois-je pas au Lecteur qui, sur ma parole, aura fait une bonne action ? O ma patrie ! s'il est possible qu'avec quinze ans encore de soins &

& d'étude, je parvienne à mériter quelque gloire dans les Lettres, & qu'il soit encore un sujet semblable à traiter, je renonce à tout autre mérite. Ordonnez, j'écris; & la douce certitude d'avoir causé le bonheur de quelqu'un, me tiendra lieu de tout autre succès.

Je joins à cet Essai Philosophique, quelques vers que je présentai à M. de Sartine, le lendemain de la distribution des prix. La Philosophie & les Muses doivent se disputer la gloire de traiter un pareil sujet.

VERS
PRÉSENTÉS
A MONSIEUR DE SARTINE.

Le lendemain de la distribution des Prix, pour les Arts Méchaniques, au Palais des Thuileries.

On chante ces hommes cruels,
Dont le farouche & triste fanatisme
Honore du nom d'héroïsme,
L'Art odieux d'égorger les mortels:
Idole des grands coeurs, Dieu du Patriotisme,
Osons aussi du moins encenser tes Autels.
Quitte le sommet du Parnasse,
Dieu des beaux Arts, chantre de vrais Héros;
Près de deux *Mécènes* nouveaux
Viens occuper une plus digne place.
Le spectacle dont je jouis,
M'annonce que ces lieux vont devenir ton Temple:

Mon cœur s'émeut, mon œil contemple ;
Tu m'inſpires..... Dicte, & j'écris.
Dans ce même Palais, où dès ſa tendre enfance
On vit ce Prince BIEN-AIME,
L'honneur & l'appui de la France,
Aux exploits, à la bienfaiſance
Par Pallas même formé ;
Maintenant une pompe auguſte
Couronne avec ſolemnité
Tout Enfant de l'Etat, par les Arts adopté
Au nom d'un Magiſtrat, dont l'œil actif & juſte,
En l'éclairant, guide l'humanité.
Déjà cette aimable jeuneſſe,
En ſilence forme des rangs ;
L'eſpérance & ſa douce yvreſſe
Fait palpiter leurs cœurs impatiens.
Quel Miniſtre par ſa préſence
A leur triomphe encor vient ajouter un Prix ?
SAINT FLORENTIN, SARTINE, noms chéris!
Pour les bénir, un chœur de voix s'élance ;
Jeunes Enfans, vous êtes attendris ;
Uniſſez vos tranſports.... Ah ! La reconnoiſſance
Dans un tel jour, n'a pour voix que ſes cris.

Bientôt en triomphe on proclame
Les noms de tous les Amateurs,
Pour qui l'amour enfin réclame
Les respects dûs aux bienfaiteurs.
Ils desirent qu'on les ignore :
Un grand coeur sur ses dons n'est jamais indiscret;
Mais l'Etat veut qu'on les honore,
C'est lui qui trahit leur secret ;
Leçon pour tous tant que nous sommes!
Tant-il est vrai que ces Arts enchanteurs,
Qui forment toujours les grands hommes,
Font toujours aussi les bons coeurs !
Une Sçene encor plus touchante
Succede à ces heureux momens :
Des Prix leur sont donnés : une gaîté décente
Soulage, en approchant, le trouble de leurs sens :
D'un Ministre chéri la bonté caressante
N'offre qu'un pere, en lui, couronnant ses Enfans ;
Et leur rougeur intéressante
Leur donne à tous dans ces lieux fortunés,
Cet incarnat, dont la pudeur charmante
Sied si bien aux fronts couronnés.

Un grand homme, artiste lui-même,
Par ses travaux, par ses leçons
Guide ces jeunes Nourriçons,
De leurs succès fait son bonheur suprême:
Sacrifiant l'amour propre à l'honneur,
BACHELIER, pour servir la France,
A la foiblesse de l'enfance
Asservit ce génie, heureux compositeur,
Qui sait unir la force à l'élégance.
Telle, en guidant les pas d'un fils chéri,
Une Mere attentive & tendre
Pour le mieux soutenir se courbe jusqu'à lui,
Et cache son esprit pour mieux s'en faire entendre.
Oui, c'est envain, cher BACHELIER,
Que la louange t'importune:
Lorsqu'en faveur d'un Art tu peux sacrifier
Tes intérêts & ta fortune,
Un autre Art doit le publier.
Depuis que l'Univers existe,
Assez d'encens fût profané:
Assez longtems l'homme fut condamné,
A bénir lâchement l'honneur pénible & triste
De croire aux préjugés dont il fut enchaîné;
Ce Siecle aura vengé l'Univers étonné:
A la pitié du sort le vertueux Artiste

Ne sera plus abandonné.
Pour tous les grands talens les Palmes sont égales :
Les Ecoles du Dieu de Arts
Et celles des Enfans de Mars,
Seront également Royales.
Ainsi dans tous les rangs, pour tous les Citoyens,
On va connoître un genre de noblesse :
Le génie & le goût dirigeront l'adresse ;
Et l'émulation va suppléer aux biens.
Des sentimens que toute ame renferme
Ces Prix publics fomenteront l'ardeur :
L'amour des Arts, heureux Législateur,
De la vertu fécondera le germe ;
La Gloire est mere de l'Honneur.
Des Enfans de l'Etat cette estimable Classe
Verra sa Sphère enfin s'étendre & s'annoblir :
On ne la verra plus ramper & s'avilir
Sous un brute instinct qui l'écrase ;
En travaillant toujours elle saura sentir.
Achevons cet heureux présage :
Vous dont ce chef-d'oeuvre est l'ouvrage,
Magistrat, qu'un nouveau Trajan
De sa bonté nous a donné pour gage,

De ces progrès des mœurs nous voûs devrons
l'hommage ;
On exigeoit, dans un fameux Roman,
Que tout Sage fût Artisan ;
Par vous tout Artisan peut un jour être un
Sage.

Je joins à cet Essai les Reglemens dont j'ai parlé dans la note *C*. La lecture de ces *Reglemens*, prouvera ce que j'ai dit de la sagesse des Instituteurs, quant à la partie morale.

REGLEMENS DE L'ÉCOLE ROYALE *GRATUITE* DE DESSEIN.

Pour les Eleves.

LES jeunes gens qui désireront être admis comme Eleves, se feront inscrire chez Monsieur *Bachelier*, Peintre du Roi, Directeur de l'Ecole Royale gratuite de Dessein, & ne pourront y avoir entrée, qu'autant qu'ils seront compris dans l'état signé de lui, pour être enclassés dans les différens genres d'étude sur la liste, du jour & de l'heure des exercices.

. . . .

Ils se présenteront avec décence & propreté, & ne pourront entrer qu'en remettant au Portier le jeton qui indiquera le genre d'étude auquel chaque Eleve est admis.

. . . .

Ils ne parleront pas pendant l'exercice, si ce n'est aux Professeurs & aux Adjoints.

ILS pourront préſenter aux Maîtres les Deſſeins qu'ils auront fait chez eux, d'après les originaux de l'Ecole, pour les faire corriger.

LORSQUE le Profeſſeur démontrera ſur les tableaux, ils garderont un profond ſilence, afin de retenir ce qui leur ſera enſeigné.

CHACUN des Eleves obſervera en tout point, l'ordre, la décence & le reſpect dûs au lieu, à l'étude & aux perſonnes qui y profeſſent.

Les Eleves ne ſortiront point avant la fin de l'exercice : s'ils le faiſoient, il ne leur ſeroit point délivré de jeton ; ce qui les priveroit de rentrer au prochain exercice.

A la ſortie, il ſera remis aux Eleves un jeton portant le nom du jour, afin d'être, pour les Parens & pour les Maîtres, une preuve de leur aſſiduité ; & pour en garantir la perte, ils conſigneront douze ſols qui leur ſeront rendus lorſqu'ils quitteront l'Ecole, en remettant le jeton, avec la reconnoiſſance qui leur aura été expédiée.

On exige des Eleves une entiere aſſiduité, pour qu'ils puiſſent profiter des avantages des leçons : c'eſt pourquoi ils ſeront rayés de la liſte pour un mois d'abſence ſans cauſe légitime ; & ils ne pourront s'excuſer, qu'en rapportant des certificats de leurs Parens ou de leurs Maîtres.

. . . .

Toutes les choſes que les Eleves trouveront dans les Claſſes, ſans aucune exception, ſeront remiſes au Portier, & elles ne ſeront rendues à ceux qui les auront réclamées, qu'après avoir prouvé qu'elles leur appartenoient.

Ceux qui détourneront les inſtrumens de leurs voiſins, seront repris publiquement pour la premiere fois; & en cas de récidive, chaſſés.

Il y aura tous les trois mois dans chaque exercice des trois genres d'étude, un concours pour les prix, dans lequel on n'admettra point les Deſſeins qui n'auront pas été faits dans les Classes.

Il y aura aussi chaque année un concours pour les grands prix, entre les Eleves de tous les exercices d'un même genre, qui auront remporté les premiers prix de leur classe; ces grands prix seront distribués dans une séance publique du Bureau d'Administration; ceux qui les remporteront, auront droit d'entrer au concours des Apprentissages & des Maîtrises.

. . . .

Ils ne recevront point de

prix ni aucune autre récompense, s'ils ne rapportent au Directeur le Dessein signé de lui lors du jugement, & la copie au net du même Dessein.

Je n'ajouterai rien à ces Réglemens, ils prouvent combien les Instituteurs ont également pris soin & des Arts & des mœurs.

On trouvera des exemplaires de cet Ouvrage, chez le Sieur L'ESCLAPART, *Libraire, rue de la Barillerie près les Barnabites.*

FIN.

www.ingramcontent.com/pod-product-compliance
Ingram Content Group UK Ltd.
Pitfield, Milton Keynes, MK11 3LW, UK
UKHW021036230726
13926UKWH00004B/1509